课本里学不到的

# 疯狂科学实验

## 生命与感知

段伟文　主编

中国科学技术出版社

·北　京·

**图书在版编目(CIP)数据**

课本里学不到的疯狂科学实验. 生命与感知 / 段伟
文主编. -- 北京：中国科学技术出版社，2022.10
ISBN 978-7-5046-9800-1

Ⅰ.①课… Ⅱ.①段… Ⅲ.①科学实验—青少年读物
Ⅳ.①N33-49

中国版本图书馆CIP数据核字（2022）第164826号

# 前 言

　　科学素质是公民素质的重要组成部分，也是少年儿童成长为合格公民的必备素质。科学素质的基础是了解必要的科学技术知识，掌握基本的科学方法，树立科学思想，崇尚科学精神。科学素质的培养要从娃娃抓起，为了成长为建设创新型国家的主力军，广大少年儿童不仅要掌握必要的和基本的科学知识与技能，还要积极开展各种生动有趣的科学实验，从中体验科学探究活动的过程，培养良好的科学态度、情感与价值观，将自己造就为具有创新意识、探究兴趣和实践能力的有用之才。

　　科学探究的动力来自人们对自然界与生俱来的好奇心。边缘长满小齿的草叶让鲁班发明了锯，头顶上的浩瀚星空使托勒密和哥白尼想到了宇宙体系，对教堂里吊灯微微摆动的关注使伽利略发现了单摆的等时性，对苹果落地的好奇让牛顿找到了万有引力，对孵小鸡都感到新奇的好奇心让爱迪生给人类带来了电灯、留声机等数以千计的发明。利用自然的力量造福人类的理想，为我们带来了日新月异的科技文明。作为现代文明标志的电话、电视、汽车、计算机，无一不是科技的力量与人类的目标相结合的产物；绿色能源、深海潜水、载人航天的成功，无一不是创新与人类的需要相互激荡的结果。

　　科学并不神秘，更没有什么代表科学力量的"魔法石"，科学的本质在于好奇心和造福人类的理想驱使下的探索和创新。大自然喜欢隐藏她的奥秘，往往不直接回应我们的追问，但只要善于思考、勤于动手、大胆假设、小心求证，每个人都能像科学大师一样——用永无止境的探索创新来开创人类的文明。

　　小朋友，快快翻开这套书，用你们与生俱来的好奇心和造福人类的纯真理想开创一条探索创新之路吧！

# 目 录

# 观察动物细胞结构

　　我们居住的这个星球上生活着各种各样的动物，从我们熟悉的猫、狗、狮子、老虎，到我们不熟悉的一些野生动物，包括我们人类在内的所有的生命体都是由细胞组成的。细胞是生命的基本单元。我们每个人身上的细胞数目大得惊人，光大脑皮层的神经细胞就有140亿个。但是不管生命体现在含有多少细胞，结构多么复杂，它们都是由单细胞生物进化而来的。下面，我们来了解一下单细胞动物和多细胞动物的细胞结构有何不同。

你得意什么？我们都是由细胞组成的，这一点你跟我没有任何区别！

## · 探索主题 ·

# 动物细胞

### 搜集资料

查找相关资料，了解有关生物进化和细胞的相关知识。

### 提出假说

单细胞动物和多细胞动物的细胞结构不同。

### 实验材料

❶ 显微镜、玻璃片及盖片

❷ 牙签

❸ 滴管

❹ 一小瓶从池塘中取出的水（越混浊越好）

❺ 色素（给显微镜标本染色的试剂或颜料，碘酒最佳，避免使用任何含有酒精的溶剂，因为酒精会杀死有机体）

### 安全提示

用牙签收集细胞时，注意不要伤到自己，拿放显微镜时一定要用双手细心操作，从池塘收集水时要有成年人陪同，之后要洗手，使用碘酒时注意不要滴在衣服或家具上。

生命与感知

## ·实验设计·

收集、准备、安置动物细胞，然后借助显微镜进行观察，从而比较单细胞动物和多细胞动物的细胞结构。

## ·实验程序·

**1** 用牙签在口腔中轻轻地刮5~10次，获取一些口腔细胞。

**2** 将牙签上的细胞涂在玻璃片上。

**3** 将色素滴在玻璃片上的细胞上。

**4** 小心地将盖片轻放在玻璃片的细胞上。

**5** 在显微镜下仔细观察玻璃片上的细胞并把看到的部分画在纸上。

**6** 从池塘中取一些水，滴两滴在玻璃片的中央。

**7** 将色素滴在池塘水滴上。

**8** 盖好盖片后同样放在显微镜下观察，并把能看到的原生动物细胞画下来。

**9** 从"运动、形状、是否有细胞膜和其他结构"四个方面比较人体口腔细胞（多细胞结构）与原生动物细胞（单细胞结构），并记录在表格中。

**10** 总结两种细胞结构的异同，将结论写在"分析讨论"部分。

**11** 整理好实验器材，将实验场所打扫干净。

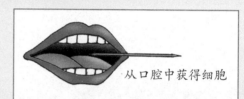

从口腔中获得细胞

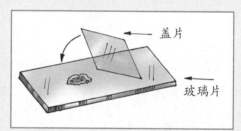

盖片

玻璃片

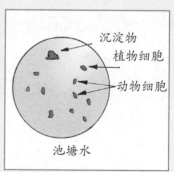

沉淀物
植物细胞
动物细胞

池塘水

3

 ·实验数据·

| | 运 动 | 形 状 | 是否有细胞膜 | 是否有其他结构 |
|---|---|---|---|---|
| 口腔细胞 | | | | |
| 原生动物细胞 | | | | |

## 分析讨论

1 为什么要求采集的池塘水越混浊越好？

2 如果使用含有酒精的溶剂染色，可能出现什么问题？

3 多细胞动物与单细胞动物的细胞结构有哪些不同？

## 发散思考

1 除了原生动物，还有哪些生物是单细胞的？

2 根据原生动物的细胞结构想想看，它们是如何获取食物和繁殖后代的？

# 植物细胞：单子叶和双子叶植物细胞的差异

被子植物是植物界最高等的一类，自新生代以来，它们在地球上有着绝对优势。已知的被子植物共1万多属，20多万种，占植物界总数的一半以上。而被子植物又分为单子叶植物和双子叶植物，它们的根本区别是在种子的胚中发育两片子叶还是发育一片子叶，两片的称为双子叶植物，一片的称为单子叶植物。前者如苹果、大豆；后者如水稻、玉米。这两类植物的差别主要体现在它们的根茎上，那么，造成这些差异的根本原因是什么呢？

## ·探索主题·

### 植物细胞

### 提出假说

单子叶植物和双子叶植物的细胞结构有差异。

### 搜集资料

查找相关资料，了解有关单子叶植物和双子叶植物的基本概念。

### 实验材料

❶ 显微镜、玻璃片及盖片

❷ 单锋刃的刀片（剃须刀片即可）

❸ 线轴

❹ 植物的根茎（最好是郁金香和菊花）

### 安全提示

拿放显微镜时一定要用双手。

使用刀片时，请父母或其他成年人操作。

## ·实验设计·

用显微镜观察比较单子叶植物与双子叶植物的细胞结构。

## · 实验程序 ·

❶ 将郁金香的根茎插进线轴的洞里，使根茎从线轴的洞中穿过，直到从另一端露出来。

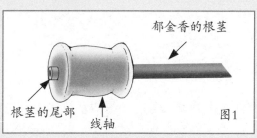

郁金香的根茎

根茎的尾部　　线轴

图1

❷ 请父母或其他成年人用刀片将从线轴洞中露出来的郁金香根茎削平整，只露出来约1毫米的长度。

❸ 用刀片小心地切下露出来的根茎部分。

❹ 将根茎的切片放到玻璃片上并盖好盖片。

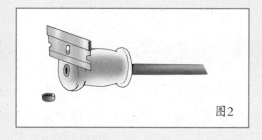

图2

❺ 将玻璃片放到显微镜下仔细观察，并且用绘画和描述性的文字将观察到的情况记录下来。

❻ 再用菊花的根茎重复步骤1—5。

❼ 比较两种植物根茎的细胞，哪一种细胞排列得更为有序？参照图3判断郁金香和菊花是单子叶植物还是双子叶植物，并写出你的结论。

❽ 图3显示的是单子叶植物和双子叶植物根茎细胞的根本区别：双子叶植物的根茎细胞排列非常有序，而单子叶植物的根茎细胞排列是随机的。

❾ 整理好实验器材，将实验场所打扫干净。

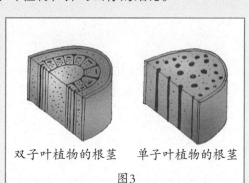

双子叶植物的根茎　　单子叶植物的根茎

图3

**· 实验数据 ·**

| 植物名称 | 郁金香 | 菊花 |
|---|---|---|
| 根茎细胞特点 | | |

### 分析讨论

1. 郁金香是单子叶植物还是双子叶植物？为什么？

2. 菊花是单子叶植物还是双子叶植物？为什么？

3. 为什么最好使用郁金香与菊花的根茎？可否用其他植物的根茎代替？

### 发散思考

1. 为什么单子叶植物的根茎部分不会逐年变粗？

2. 单子叶植物和双子叶植物在生命力、繁殖力等方面有没有不同？

# 抑制或促进细菌生长的物质

　　我们每天都会接触到细菌，其中有些会对人体造成伤害、引发疾病。要对付疾病，最根本的办法是消除致病源。因此，了解细菌的生长条件，了解哪些物质能抑制或促进细菌生长，是寻找抵抗细菌侵袭方法的必要准备工作。在本节实验中，我们的任务就是观察细菌在一些常见物质中的生长情况，以此确定哪些环境条件下会滋长细菌，哪些会抑制或消灭细菌。

一些常见的细菌

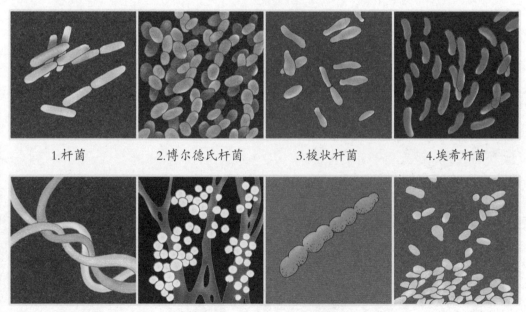

1.杆菌　　　　2.博尔德氏杆菌　　　3.梭状杆菌　　　4.埃希杆菌

5.螺旋菌　　　6.葡萄球菌　　　　7.链球菌　　　　8.沙门氏菌

## · 探索主题 ·
## 细菌生长

### 搜集资料

查找相关资料，了解细菌的功与过。

### 提出假说

一些物质会促进细菌生长，而另一些物质会抑制细菌生长。

### 实验材料

1. 外用酒精、小杯子
2. 棉签、镊子
3. 白色的不光滑的纸、剪刀
4. 琼脂盘（在销售生物试剂的商店购买）
5. 蒸馏水、五个小杯子或盘子、记号笔
6. 放大镜或显微镜（可根据情况选择使用）

7. 有毫米刻度的尺子
8. 被检测的物质：鸡汤、咖啡、柠檬汁、醋、果汁、液体清洁剂（也可以用一些其他的常见物质）

### 安全提示

有些细菌是致病源，因此在实验中要勤洗手，千万不要在接触细菌后不洗手就吃东西，用过的棉签和琼脂盘要立刻扔进垃圾桶里，镊子和杯子等要及时消毒。

### · 实验设计 ·

观察细菌在各种物质中的生长情况，以此推断不同物质对细菌生长的影响。

## · 实验程序 ·

**1** 打开琼脂盘，用记号笔将盘子划分为六个部分，就像切蛋糕一样。在五个部分分别写上一种被检测的物质的名称，在第六个部分写上"对照组"。

**2** 在盘子的外侧写上实验日期。

**3** 把一根棉签放入蒸馏水中浸湿。

**4** 让棉签划过手臂、桌子表面或其他可能聚集了细菌的表面。

**5** 把棉签上的细菌均匀地涂抹在整个琼脂盘的表面，注意尽量让棉签平行于盘表面，不要太用力，以免穿透琼脂层。

**6** 盖上琼脂盘，将棉签扔进垃圾桶。

**7** 将白纸用剪刀剪出六个小圆纸片。再将酒精倒在小杯中，把镊子的前端放入酒精中消毒，一分钟以后取出用水冲洗干净，甩干水分。

**8** 向五个杯子或盘子中分别滴入几滴要检测的物质，再用镊子夹起一个小圆纸片浸入其中一种物质中。待纸片吸收了足够多的液体后，将它放入琼脂盘中写着该物质名称的部分的中央位置。

**9** 再将镊子放入酒精中消毒五秒钟，用水洗净并甩干水分。夹起另一个小圆纸片浸入另一种液体中，随后将它放入琼脂盘中的对应位置。重复此步骤直到粘有被检测液体的五个小圆纸片都被放入琼脂盘中。

**10** 在对照组部分的培养基中放入剩下的一张小圆纸片。

**11** 将琼脂盘在温暖、无阳光的地方放置24小时。

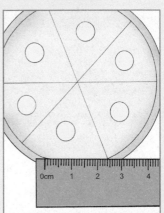

⑫ 24小时后观察盘内细菌的生长情况，如果没有明显变化，再放置24小时。

⑬ 用毫米刻度尺测量每个部分内未明显出现细菌的区域的大小。

## ·实验数据·

| 物质名称 | 未明显出现细菌的区域 | |
| --- | --- | --- |
| | 形状 | 大小 |
| | | |
| | | |
| | | |
| | | |
| | | |
| | | |
| 对照组（无） | | |

### 分析讨论

① 哪些物质能促进细菌生长？

② 哪些物质能抑制细菌生长？

③ 为什么实验中要使用蒸馏水和酒精？

### 发散思考

① 什么环境适合细菌生长？

② 在什么情况下需要消灭细菌？在哪些情况下需要促进细菌繁殖？

# 培养微生物

1675年，一位荷兰商人发明了能将物体放大200倍的显微镜。借助这个神奇的工具，人类第一次了解到世界上有着肉眼不可见的大量微生物。它们存在于空气中、土壤里、人类与动物的皮毛和身体里，几乎无处不在。这些微生物主要可分为五类：细菌、藻类、真菌、原生生物和病毒。在生产抗生素、腌制泡菜、制作奶酪和酒精饮料等方面，微生物起着非常重要的作用。比如，真菌中的青霉菌，就是提炼青霉素的重要原料。

为了更好地了解微生物，科学家需要在实验室里培养大量的样本。与其他生物一样，它们的生长需要丰富的营养成分，因此，配制含有微生物必需营养的培养液，是培养微生物的重要步骤。在本实验中，你也要先配制营养液，再用它培养出多种微生物。

13

**· 探索主题 ·**

微生物的培养

**搜集资料**

查找相关资料，了解微生物的来源。

**提出假说**

在配制的培养液中可以培养多种微生物。

**实验材料**

1. 6个带盖子的培养皿（可以用干净的碗和透明的塑料盖代替）

2. 一盒无杂质的明胶（一种无色或浅黄色的透明胶状蛋白）

3. 约60克糖、15克盐

4. 15克猪肉馅或牛肉馅

5. 钳子、胶布、标签纸

6. 一个有盖的可以在炉灶上加热的容器（约1.5升），1升水

**安全提示**

实验结束后不要打开培养皿，更不要取出任何微生物，以免感染病菌。

**· 实验设计 ·**

在培养液中加入微生物生长所需的营养成分，看看不同来源的微生物在培养液中的生长情况。

## ·实验程序·

1. 把水装入容器，在炉灶上加热。

2. 水沸腾后，用钳子——夹住培养皿，将其浸入沸水中约1分钟（如图1）。

3. 从沸水中取出培养皿，放在桌上冷却；盖上盖子保持培养皿内清洁。

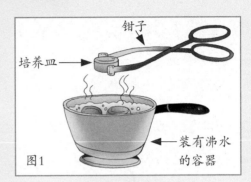

钳子

培养皿

装有沸水的容器

图1

4. 在明胶内加入糖、盐和肉馅，放在炉灶上方快速加热一下。移开后盖上盒子，冷却3~5分钟。

5. 请家长帮忙在6个培养皿中分别加入刚调好的明胶混合物，体积约为器皿的1/2。迅速盖上培养皿的盖子并冷却1小时。

6. 分别用棉签轻轻擦拭物体的表面以收集微生物。比如口腔内表面、地板、用过的茶杯表面、桌面、皮肤表面等。要求获取5种物体表面的微生物，每种放入一个培养皿中。具体方法：将棉签在培养皿中轻轻地摩擦一下。

1. 用棉签收集口腔微生物

2. 将棉签在培养皿中摩擦一下

3. 让各种微生物生长1~3周

图2

7. 盖上培养皿，用胶布密封。作标记注明日期和微生物样本的来源。

8. 剩下的一个培养皿中不放入任何微生物，作为实验的对照组。

9. 将所有的培养皿放在黑暗、温暖的环境中1~3周。

10. 当培养皿的培养基上出现了灰白绒毛物或黏稠的斑点时，画出这些微生物群的形状。

⑪ 洗净培养皿，整理好实验器材，并将实验场所打扫干净。

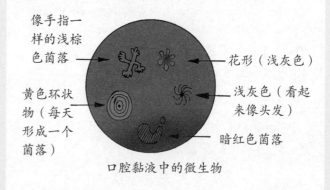

像手指一样的浅棕色菌落

花形（浅灰色）

黄色环状物（每天形成一个菌落）

浅灰色（看起来像头发）

暗红色菌落

口腔黏液中的微生物

 **·实验记录·**

为你所培养出的微生物作画。

**分析讨论**

❶ 实验中培养微生物时为什么要在黑暗的环境下呢？

❷ 哪些物体表面的微生物种类最多？

❸ 对照组的培养皿中会产生什么现象？

**发散思考**

❶ 适合微生物生长的环境有哪些特点？

❷ 种类繁多的微生物在人类的生活中到底扮演了什么样的角色呢？

# 青霉菌的生长

　　青霉素，英文是Penicillin，音译为盘尼西林，是一种从青霉菌提炼或人工合成的广谱抗生素，广泛运用于各种疾病的治疗中。大家记得小时候患细菌性感冒高烧不退时，如果对青霉素不过敏，注射或服用青霉素往往能起到立竿见影的效果。用于制造青霉素的青霉菌，是一种蓝绿色真菌，生长于腐烂的水果或奶酪上。在显微镜下观察，青霉菌像一把把小刷子。

小明，如果你吃感冒药还不好的话，就要去医院了。

打针太疼，我吃几个发霉的苹果不行吗？

在下面的实验中，我们要将水果放置在不同的温度环境中，来考察温度是否会影响青霉菌的生长，以及什么样的温度有利于青霉菌生长。

## ·探索主题·

青霉菌

### 搜集资料

查找相关资料，了解温度对于青霉菌生长的影响。

### 提出假说

温度对青霉菌的生长状况会产生影响。

### 实验材料

① 两个棉花球或小块海绵

② 两个成熟程度相同的橘子

③ 两个成熟程度相同的柠檬

④ 两个干净的塑料袋

⑤ 干净的碗、用于系东西的绳子

⑥ 干净的水、冰箱

## ·实验设计·

让水果腐烂，产生青霉菌；再改变环境温度，观察青霉菌的数量变化。

## ·实验程序·

1. 通过摔打或摩擦等方式将水果的表皮弄破,这样可使青霉菌更容易穿过坚硬的表皮而"侵犯"水果。

2. 把水果放在碗中搁置1~3天。不要盖住碗,以便水果能接触到空气中的细菌。

3. 在一个塑料袋中放入一个橘子、一个柠檬和一个浸湿的棉花球(增加湿度)。

4. 在另一个塑料袋中放入同样的东西。将两个袋子的口都用绳子系紧。

5. 把其中一个袋子放入冰箱(温度较低),另一个袋子放在暖和(温度较高)的地方。

6. 每天观察袋子里的情况,并将你所看到的任何变化记录下来。

7. 两周以后,打开袋子取出水果,观察腐烂后的水果上青霉菌的生长情况。

8. 比较在两种温度条件下产生青霉菌的数量,将结果记录下来。

9. 如果你有显微镜,取一些青霉菌的样品放置在显微镜下观察,看看它们是否像一把把小刷子。

10. 清洗并整理好实验器材。

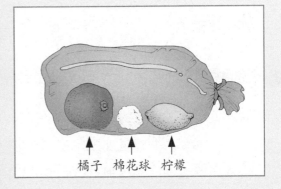

橘子　棉花球　柠檬

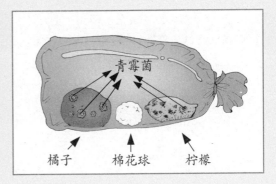

青霉菌

橘子　　　棉花球　　　柠檬

·实验数据·

|  | 较低温度 | 较高温度 |
|---|---|---|
| 橘子 |  |  |
| 柠檬 |  |  |

分析讨论

1 为什么实验中要弄破水果的表皮？

2 温度高低与青霉菌的生长有什么关系？

3 如果不接触空气，水果就不会长青霉菌吗？

发散思考

1 实验中要求水果的成熟程度差不多，还在塑料袋中放入湿透的棉球增加湿度，由此你可以推断出还有哪些条件可能影响青霉菌的生长？

2 除了青霉菌，还有哪些微生物能够帮助人类抵抗疾病、保持健康？

# 发酵的最佳温度

人们利用酵母的自然发酵过程来制作食物已经有很长的历史了，如酿酒、蒸馒头、烤面包等。发酵，其实就是酵母菌的繁殖过程，在这个过程中会产生大量的二氧化碳气体，从而使面团变得像海绵一样松软。发酵的过程受到多种因素的影响，比如温度、酸碱性、营养物质浓度等。在本节的实验中，我们来探讨一下温度对发酵的影响，即对酵母菌的生长和繁殖的影响。

## · 探索主题 ·

## 发 酵

### 提出假说

发酵过程受到温度的影响。

### 搜集资料

查找相关资料，了解关于发酵的基本知识。

### 实验材料

1. 三个大小相同的塑料空瓶或玻璃窄口瓶
2. 三个气球、三袋酵母粉（不要用快速发酵粉）
3. 糖、细绳、胶带、小冰块、热水
4. 三个杯子
5. 两个透明的碗或方形容器，深度至少是瓶子高度的一半
6. 卷尺、酸碱试纸、量杯、量匙
7. 温度计（可测范围至少为 0 ~ 46℃）
8. 记号笔

## · 实验设计 ·

让酵母菌在不同温度条件下发酵，再通过发酵过程产生的气体多少和生成物质的酸性强度来确定其发酵程度。

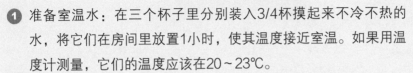

## · 实验程序 ·

1. 准备室温水：在三个杯子里分别装入3/4杯摸起来不冷不热的水，将它们在房间里放置1小时，使其温度接近室温。如果用温度计测量，它们的温度应该在20～23℃。

2. 在三个杯子中分别加入三勺糖，通过搅拌使糖完全溶解。

3. 将酸碱试纸的一端浸入糖水中，浸湿后取出，观察试纸是否发生了颜色变化。通常酸性溶液会让试纸变红，碱性溶液会让试纸变蓝，中性则不会变色。将结果记录下来。

4. 将三杯糖水分别倒入三个瓶子，并在三个瓶子上分别标上"热"、"冷"和"对照组"。洗净杯子备用。

5. 在一个碗或方形容器中加入40～45℃的热水；在另一个容器中倒入自来水，然后放入冰块，让水温降至5～15℃。

6. 往三个瓶子里分别加入一袋酵母粉。

7. 小心地在每个瓶口处套一个气球，并用胶带密封，使气体不会泄漏。轻轻地晃动瓶子使里面的物质充分混合。

8. 将标有"热"的瓶子放在盛有热水的容器中，将标有"冷"的瓶子放在有冷水的容器中。用绳子将瓶子固定在容器中，避免其倒下。

9. 20分钟以后，测量三个气球的周长。记录结果。

10. 测量热水和凉水的温度，看它们是否还保持着原有温度，如果没有，请适当再加入热水和冰块。

11. 重复步骤9—10，直到气球不再变大。

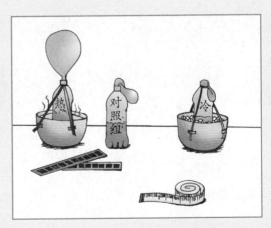

⑫ 取下三个瓶子上的气球，将瓶内的物质分别倒在三个杯子里。再用酸碱试纸测试三种溶液，从而推断它们的酸碱性，并记录结果。

⑬ 分析你所记录的气球周长变化数据和溶液的酸碱性，回答以下问题：在三种温度条件下，哪个瓶子上气球的周长增长得最快；哪个瓶子里生成的物质酸性最强。由于发酵过程中会产生大量气体，生成的物质属酸性，所以上述两个问题的答案可以帮助你推断出哪种温度最利于酵母菌的繁殖。将你的结论填写在"实验数据"部分。

⑭ 整理好实验器材，将实验场所打扫干净。

## ·实验数据·

| | 气球周长 | 物质的酸碱性 |
| --- | --- | --- |
| "热"瓶子 | | |
| "冷"瓶子 | | |
| 对照组 | | |

## 分析讨论

① 气球周长的变化说明了什么？

② 生成物质的酸碱性与发酵程度的关系是什么？

③ 哪种温度更有利于发酵？

## 发散思考

① 为什么不是直接在自来水中加入酵母粉，而是在糖水中进行发酵？

② 酵母菌是一种单细胞真菌，你能由此项实验的结果推断出所有真菌生长繁殖的适宜条件吗？

# 分离叶子里的色素

　　一提到植物，尤其是植物的叶子，大家会立刻想到绿色。的确，我们所见到的多数植物的叶子都是绿色的。我们都知道叶子里面含有叶绿素，叶绿素进行的光合作用对我们的生态环境有着重要的意义。那么你知道叶子里面除了绿色之外还含有别的颜色吗？让我们一起来看个究竟。

其实我的内心世界也是五彩缤纷的！

## · 探索主题 ·

### 叶子中的色素

## 搜集资料

查找相关资料，简单了解植物色素的知识。

## 提出假说

叶子中分布着不同的色素。

## 实验材料

**①** 1杯切碎的菠菜叶（250毫升左右）

**②** 1杯切碎的芹菜叶（250毫升左右）

**③** 1杯切碎的苋菜叶或其他杂色蔬菜叶（250毫升左右）

**④** 食用色素（红、蓝和黄）

**⑤** 滤纸（比较结实的纸巾也可以）

**⑥** 外用酒精（乙醇浓度为70%）

**⑦** 4个碗、4个玻璃杯或烧杯、4个回形针

**⑧** 坩埚、标签

**⑨** 量匙、量杯、水、护目镜

## · 实验设计 ·

利用吸附层析法来分离叶子里的色素。

## 安全提示

本实验需要加热，因此一定要在成年人的看护下进行。注意在处理酒精时戴上护目镜，以免溅到眼睛里。

**· 实验程序 ·**

① 将1杯水在坩埚中加热至沸腾。分别加入红、蓝、黄3种颜色的食用色素6～8滴，再让水继续沸腾10分钟。将坩埚从炉子上拿开放到一旁冷却后，将里面的溶液倒进一个碗里并且加4量匙酒精。贴上标签"1"以免和其他用来实验的碗混淆。

食用色素对照组　菠菜溶液　芹菜溶液　苋菜溶液

图1

② 将坩埚洗干净，然后再加热一杯水至沸腾。把切碎的菠菜叶放进坩埚里让水继续沸腾10分钟。坩埚冷却后，将里面的溶液倒在第二个碗里，也加上4量匙酒精，贴上标签"2"。

③ 用芹菜叶代替菠菜叶，重复步骤2，贴上标签"3"。

④ 用苋菜叶代替菠菜叶，重复步骤2，贴上标签"4"。

⑤ 将滤纸切成2.5厘米宽的滤纸带，用来分离色素。

⑥ 在4个杯子上也分别贴上"1"、"2"、"3"和"4"标签。然后将每个碗里的溶液倒进相应标签的杯子里，溶液高度约为0.6厘米。

⑦ 如图2所示，将滤纸带放入杯中，用回形针把滤纸带固定在杯子上，保证只有滤纸带的底部能接触到溶液。

⑧ 将滤纸带放置一段时间，注意观察溶液是如何在滤纸带上蔓延开的。

⑨ 当色素蔓延到了滤纸带的顶部，就可以将滤纸带取出放置到干净平整的地方晾干。

⑩ 观察滤纸带上的颜色，并尽快记录下来（因为色素会随着时间的延长越来越淡）。找到哪些色素是叶绿

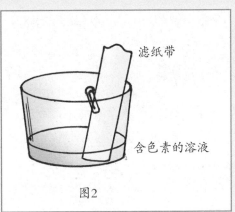

滤纸带

含色素的溶液

图2

素，哪些是胡萝卜素，哪些是叶黄素？比较不同的蔬菜叶所含的色素成分是否一样？图3所示为吸附层析法得到的色素在滤纸带上的大致分布和颜色。

⑪ 整理好实验器材，将实验场所打扫干净。

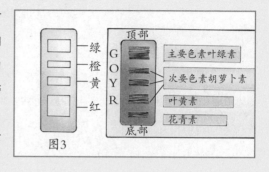

图3

**· 实验数据 ·**

| 叶子种类 | 所含色素名称 |
| --- | --- |
| 菠菜 | |
| 芹菜 | |
| 苋菜 | |

**分析讨论**

❶ 菠菜叶中含有哪些色素成分？

❷ 芹菜叶中含有哪些色素成分？

❸ 苋菜叶中含有哪些色素成分？

**发散思考**

❶ 植物叶子中含有的不同色素是否具有不同的功能？叶绿素、叶黄素等分别具有什么样的作用？

❷ 植物中所含的色素成分多少是否跟季节有关系？在不同的季节做这个实验，比较一下结果。

# 分离 DNA

DNA的中文名为脱氧核糖核酸，是生物细胞中的大分子，是绝大多数生物（包括人类）储存基因（遗传因子）信息的载体。DNA通过自我复制，将储存的遗传信息稳定地从亲代传递到子代中，并通过转录、翻译产生蛋白质而体现为生命活动和现象。除非你有一个同卵双生的兄弟姐妹，否则你会拥有独一无二的DNA序列。

在生物体细胞内，DNA通常是以双螺旋结构（即两条DNA链缠绕在一起）存在于细胞核中，细胞核内还有蛋白质和其他物质。要想观察到DNA，必须先将DNA与其他物质分离开。在本节实验中，我们就来学习如何分离和观察DNA。

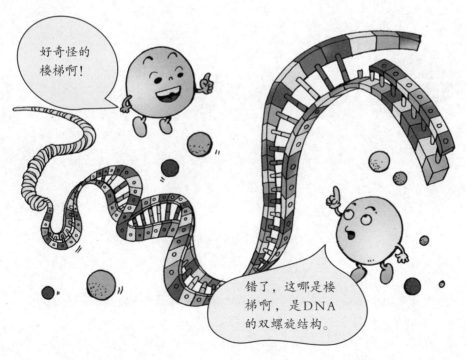

好奇怪的楼梯啊！

错了，这哪是楼梯啊，是DNA的双螺旋结构。

## ·探索主题·
### DNA

### 提出假说

DNA可以按两步法分离出来，呈现为双螺旋结构。

### 实验材料

1. 菠菜、小刀、盐
2. 冷水、搅拌机
3. 冰箱
4. 液体肥皂或清洁剂
5. 筷子或牙签
6. 粗棉布一小块
7. 杯子
8. 小玻璃罐
9. 嫩肉精（含有植物酶）
10. 浓度为95%的酒精

### 安全提示

1. 在使用小刀的时候需要成年人陪同，要小心，不要划伤自己。
2. 如果酒精溅到了手上，请立刻清洗干净。注意不要让酒精溅入眼睛里。
3. 确保酒精瓶远离明火，以免发生火灾。

### ·实验设计·

分两步分离DNA：首先溶化细胞膜，释放DNA；然后利用酶去除蛋白质，分离出DNA。

## · 实验程序 ·

① 切1/2杯的菠菜放入搅拌机中，再加入一大撮盐和1/3杯的凉水，搅拌10秒钟后将混合液体倒入杯中。

② 将粗棉布盖在玻璃罐上，再小心地将混合液体倒在粗棉布上，直到滤液占满罐子总容量的1/4至1/2。粗棉布在这里能起到过滤的作用。

③ 往玻璃罐中加入10毫升的液体肥皂或清洁剂，缓慢地搅动5秒钟。这一步的目的是溶解细胞膜中的脂类物质，释放DNA。

④ 将混合液体静置10分钟。

⑤ 往液体中加入一撮嫩肉精，轻轻地搅拌一会儿。注意不要太用力。这一步的目的是去除DNA上的蛋白质。

⑥ 将玻璃罐稍微倾斜，缓慢地倒入酒精直到液体快装满整个罐子。

⑦ 将罐子放入冰箱中冷冻5分钟，取出后再静置5分钟。

⑧ 由于DNA不溶于酒精，此时它应该浮在液面上。

⑨ 用筷子或牙签将菠菜细胞的DNA（其实是成千上万的DNA的聚集体）挑出，在显微镜下观察其形状并画下来。

⑩ 整理好实验器材，将实验场所打扫干净。

 · 实验记录 ·

画出DNA的样子

### 分析讨论

1. 你所观察到的DNA是什么形状的？

2. 如果你不能看到呈双螺旋结构的DNA，问题可能出在哪里？

### 发散思考

1. 你认为按照实验中的方法能够提取出纯的DNA吗？为什么？

2. 按本实验中的方法分离出的DNA中可能含有哪些成分？

# 种子能长多快？

每种植物的种子都有一个平均的发芽周期。也就是说，种子并不是一种到土壤中就会发芽，还需要等待最佳条件和时机。举例来讲，如果一粒种子在春天的第一个暖日就发芽，它很可能会在后面几天出现的晚霜冻天气中冻死，所以它必须忍耐，等待稳定理想的天气出现。在本节实验中，我们就来看看两种不同的植物——青豆和萝卜的种子要等待多久才会发芽。

# 种子发芽

## 提出假说

同种植物的不同种子存在生长速度的差异；不同植物种子的生长速度也存在差异。

## 搜集资料

查找相关资料，简单了解种子萌芽生长的知识。

## 实验材料

① 6 粒青豆种子、6 粒萝卜种子

② 2~3 杯盆栽土

③ 鸡蛋盒（能装下 12 个鸡蛋）

④ 装满水的洒水壶

⑤ 能装下鸡蛋盒的盘子

⑥ 餐叉

## · 实验设计 ·

观察不同种子在相同条件下的生长情况，确定并比较其生长速度。

## · 实验程序 ·

**1** 用餐叉在鸡蛋盒的12个格子里叉上一些小洞，用于排出多余的水。如图1所示，将这12个格子从1—12编号。

**2** 将6粒青豆种子放在1—6号格子中；6粒萝卜种子放在7—12号格子中。

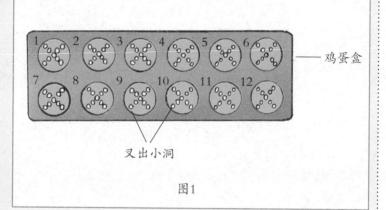

鸡蛋盒

叉出小洞

图1

**3** 在这些种子上盖上盆栽土。要求每个格子内的土壤量要相同。然后将鸡蛋盒放在盘子里。

**4** 用洒水壶均匀地将水洒在每一格的土壤

没有变化　　出现了幼苗　　子叶展开　　第一片真正的叶子出现并展开

图2

上，保证土壤确实都湿润了。

**5** 将盘子放在一个温暖的房间的窗台上。

**6** 每天记得给种子浇水，保证土壤一直是湿润的。同时每天都要观察那些种子的生长情况，并参照图2的标准记录种子每天处于什么状态。记录时你可以用文字描述，也可以用符号表示。

**7** 整理好实验器材，将实验场所打扫干净。

## · 实验数据 ·

| | | 种子编号 | | | | | | | | | | | |
| --- | --- | --- | --- | --- | --- | --- | --- | --- | --- | --- | --- | --- | --- |
| | | 1 | 2 | 3 | 4 | 5 | 6 | 7 | 8 | 9 | 10 | 11 | 12 |
| 种子生长天数 | 1 | | | | | | | | | | | | |
| | 2 | | | | | | | | | | | | |
| | 3 | | | | | | | | | | | | |
| | 4 | | | | | | | | | | | | |
| | 5 | | | | | | | | | | | | |
| | 6 | | | | | | | | | | | | |
| | 7 | | | | | | | | | | | | |
| | 8 | | | | | | | | | | | | |
| | 9 | | | | | | | | | | | | |
| | 10 | | | | | | | | | | | | |

### 分析讨论

① 青豆种子发芽平均要多长时间？

② 萝卜种子发芽平均要多长时间？这与青豆种子发芽的平均时间有差异吗？

③ 不同的青豆种子发芽需要的时间是一样的吗？如果不同，相差多长时间？

④ 不同的萝卜种发芽需要的时间是一样的吗？如果不同，相差多长时间？

### 发散思考

如果实验使用的种子在两周以后仍然不发芽，你认为问题可能出现在哪些方面？该如何解决这些问题？

# 自花传粉和异花传粉

　　提起花，你一定很容易联想到它们绚丽的色彩、娇柔的外形和沁人心脾的香气。花给人类带来了美丽的享受和情趣，但是对植物来说，花的重要价值在于它们是植物的繁殖器官。花的雄蕊产生的花粉（含有雄性生殖细胞）与雌蕊上的柱头结合在一起，完成了植物的"交配"，才能生成植物的下一代。这个过程被称为"传粉"。按照参与传粉的植物数量，传粉可分为自花传粉和异花传粉。自花传粉，顾名思义，指一朵花的花粉从自己的雄蕊上落到自己的雌蕊上的受精过程；异花传粉则是指一朵花的花粉传到了另一朵花的柱头上。异花传粉的植物，后代多样性增加，且比自花传粉的植物更强壮和健康。植物学家会有意地在不同植物间授粉，以使植物产生特定的属性，比如通过杂交培育出蓝色玫瑰。

在本节实验中，你将能亲自培养几株分别经过自花传粉和异花传粉的植物，并比较它们在此之后有何不同。

## ·探索主题·

### 传 粉

### 搜集资料

查找相关资料，了解植物传粉的知识。

### 提出假说

异花传粉的植物比自花传粉的植物生长得更好。

### 实验材料

① 一种可异花传粉的植物苗8株，比如玉米、玫瑰、苹果等（你可以直接购买植物幼苗，也可以购买种子进行栽种）

② 棉签

③ 牙签

④ 镊子

⑤ 记号笔

⑥ 放大镜（可选）

## ·实验设计·

亲自培养分别经过自花传粉和异花传粉的植物，比较两种传粉方式的优劣。

## ·实验程序·

❶ 将8株植物幼苗分为4组，分别编号A、B、C、D。将每株植物分开放置，保证它们获得同样的光照和生长空间。

❷ 在这些植物形成花苞却未开放时，用牙签轻轻地拨开它们的花瓣。对A组内的两株植物做如下处理：用镊子将每朵花上的雄蕊去掉，只留下柱头。

❸ 在每株植物都有开放的花朵后，观察每朵花的柱头是否正常生长，去除不正常的花朵。然后以有最少花朵的植物为基数，将其他植物上的多余花朵去掉，使每株植物上的花朵数量相同。

❹ 拿一支棉签摩擦B组植物的雄蕊，当你看到花粉（可借助放大镜）粘在棉签上以后，轻轻地将花粉涂在A组植物的柱头上。这样你就完成了A组植物的异花传粉。

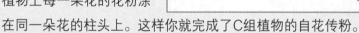

❺ 拿一支新的棉签，将C组植物上每一朵花的花粉涂在同一朵花的柱头上。这样你就完成了C组植物的自花传粉。

❻ D组植物作为对照组，不做任何操作。

❼ 每隔2~3天观察一下A、C、D组植物的雌蕊，注意雌蕊的变化，记录产生的种子数量。

❽ 整理好实验器材，将实验场所打扫干净。

## ·实验数据·

| 观察日期 | A组（异花传粉） | C组（自花传粉） | D组（未人工传粉） |
|---|---|---|---|
|  |  |  |  |
|  |  |  |  |
|  |  |  |  |
|  |  |  |  |
|  |  |  |  |

### 分析讨论

❶ 经过异花传粉的A组植物的雌蕊有何变化？共产生了多少粒种子？

❷ 经过自花传粉的C组植物的雌蕊有何变化？共产生了多少粒种子？

❸ 没有进行传粉的D组植物的雌蕊有何变化？共产生了多少粒种子？

❹ 自花传粉与异花传粉哪种更有利于植物的"繁殖"？

### 发散思考

❶ 在实验中我们使用了人工传粉，那么在自然条件下，植物怎样才能进行自花传粉和异花传粉呢？

❷ 植物的"繁殖"需要具备哪些条件？

# 能催生出氧气的酶

如果没有酶的帮助，很多化学反应都无法进行。在肝脏里有一种催化酶能够促使过氧化氢分解为无害的水和氧气，这是一个发生在动物体内非常重要的化学反应。下面我们就来亲眼看看催化酶的神通吧。

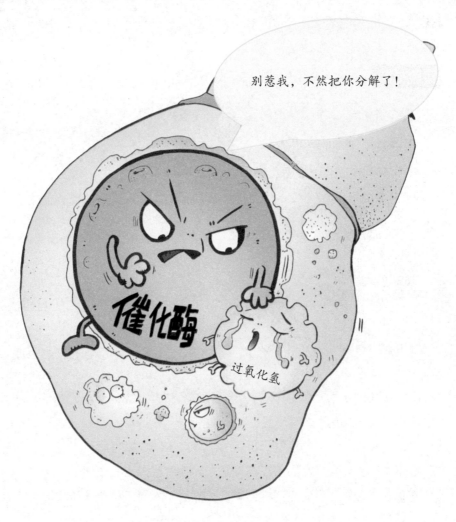

## ·探索主题·

### 催 化 酶

**搜集资料**

查找相关资料，了解催化酶。

**提出假说**

催化酶能将过氧化氢分解为水和氧气。

---

### 实验材料

**1** 一小块新鲜的动物肝脏（没有冷冻或煮过）

**2** 一个新鲜的西红柿（没有冷冻或煮过）

**3** 过氧化氢

**4** 四个干净杯子（塑料或玻璃的均可）

**5** 小刀

**6** 勺子

**7** 水

**8** 护目镜（墨镜也可以）

**9** 标签

---

## ·实验程序·

**1** 用小刀取一小块动物肝脏（边长为1厘米的立方体即可），用勺子将其压碎成糊状后放入一个杯子里。

**2** 另取一块同等大小的肝脏，也用勺子将其压碎成糊状后放入另一个杯子。

**3** 同样取一块大小相同的西红柿果肉，弄碎后放入第三个杯子。

**4** 再取一块同样大小的西红柿果肉，弄碎后放入最后一个杯子。

⑤ 将这四个杯子依次贴上标签：

第一个杯子：动物肝脏和水

第二个杯子：动物肝脏和过氧化氢

第三个杯子：西红柿和水

第四个杯子：西红柿和过氧化氢

⑥ 在第一个杯子和第三个杯子里倒入半杯水，而在第二个杯子和第四个杯子里倒入半杯过氧化氢液体。

⑦ 观察四个杯子中哪个杯子里会冒出气泡，并记录下结果。

⑧ 整理好实验器材，将实验场所打扫干净。

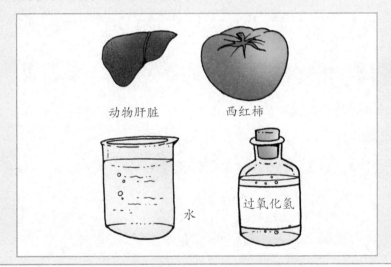

动物肝脏　　　　西红柿

水　　　　过氧化氢

动物肝脏和水　　动物肝脏和过氧化氢　　西红柿和水　　西红柿和过氧化氢

**·实验数据·**

|  | 第一个杯子 | 第二个杯子 | 第三个杯子 | 第四个杯子 |
|---|---|---|---|---|
| 是否有气泡产生 |  |  |  |  |

**分析讨论**

1 杯子中冒出气泡能说明什么?

2 哪个或哪些杯子里产生了气泡? 这个或这些杯子有什么特征?

3 如何进一步证明在催化酶的作用下, 过氧化氢分解成了水和氧气?

**发散思考**

1 实验中为什么要用四个杯子?

2 只用两个杯子做实验能证明我们的结论吗?

3 实验中提到的催化酶在人体内是越多越好吗?

# 食物量对蟋蟀生长速度的影响

食物，对于所有生物来说，都是很重要的生存条件。充足的食物会让生物体更加强壮、发育得更良好。人们在看到一个瘦小的人或动物时，总是下意识地认为他们吃得不多，导致营养不良。虽然这样的认知会有偏差，但确实反映了食物对生物的重要性。在本节实验中，我们就以幼小的蟋蟀为对象，看看食物量对它们的生长速度的影响。

## 探索主题

蟋蟀的生长

### 搜集资料

查找相关资料，了解有关蟋蟀的知识。

### 提出假说

食物量越充足，蟋蟀的生长速度越快。

### 实验材料

① 三个有盖的玻璃罐子

② 大约 30 枚蟋蟀卵

③ 一些作为食物的鱼饲料或龟饲料，放在一个有盖的容器中

④ 有毫米刻度的尺子

⑤ 记号笔

### 安全提示

要友善地对待蟋蟀，玻璃罐要轻拿轻放，实验停止后立即释放它们。

### 实验设计

在不同量的食物饲养下比较蟋蟀的发育速度，以确定食物量与蟋蟀生长的关系。

## · 实验程序 ·

1. 在三个罐子中撒一层泥土，分别装入同样数量的蟋蟀卵，再用一层薄土覆盖，并洒少量水。在罐子外分别写上："中等量（对照组）"、"少量"和"大量"。

2. 将三个罐子都放在温暖的地方。

3. 当蟋蟀卵开始孵化时，往三个罐子中放入碾碎的鱼饲料或龟饲料作为食物。按照每个罐子上所写数量投入饲料：在写有"少量"的罐子里放入较少的饲料，在写有"大量"的罐子里放入较多的饲料，在写有"中等量"的罐子里放入饲料的量介于上述两者之间。

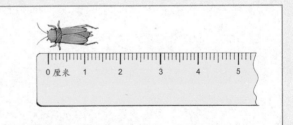

4. 制作一个记录蟋蟀生长情况的表格。从蟋蟀卵孵化开始，每天记录它们的生长状况。其方法是：轻轻地取出蟋蟀，将其放在桌面上，用尺子测量它们的长度。每天至少从三组中各取一只来测量。如果一组测量了多只的长度，则取平均值填写在表格里。

5. 通过查找资料或询问他人，你可以知道你所观察的蟋蟀长成后能达到的长度。当你的三组蟋蟀中有一组达到了这个长度，在适合它们生活的地方释放它们。

6. 继续饲养剩下的蟋蟀，直到所有的蟋蟀都长大。然后释放它们。

7. 整理好实验器材，将实验场所打扫干净。

## · 实验数据 ·

| 蟋蟀的 | 食物量 | | |
| --- | --- | --- | --- |
| 生长（天数） | 中等量（对照组） | 少量 | 大量 |
| 1 | | | |
| 2 | | | |
| 3 | | | |
| 4 | | | |
| 5 | | | |
| 6 | | | |
| 7 | | | |
| 8 | | | |

### 分析讨论

1 在有大量食物的瓶子里生长的蟋蟀成为成虫需要多长时间？

2 在只有少量食物的瓶子里生长的蟋蟀的情况如何？

3 有中等食物量的瓶子里的蟋蟀何时能成为成虫？

4 通过对上述问题的解答，你是否能总结出食物量对蟋蟀生长速度的影响规律？

### 发散思考

1 蟋蟀适合在什么样的环境中生活？

2 这些环境中的哪些条件会影响到蟋蟀的生长速度？

# 蝌蚪何时变青蛙与温度有关吗？

　　很多人小时候都听过"小蝌蚪找妈妈"的故事：有尾巴、没有腿的小蝌蚪在询问了很多跟自己很像的"妈妈"以后，都失望地离开了；可是不知不觉间，它们的尾巴越来越短，还渐渐长出了腿。原来，它们的妈妈居然是跟自己一点儿也不像的青蛙！相信听过这个故事的人都不会忘记蝌蚪会变成青蛙。可是你知道温度会影响这个过程吗？在本节实验中，我们就来验证这一点。

### 探索主题

蝴蚪的生长

### 搜集资料

查找相关资料，了解有关蝴蚪的知识。

### 提出假说

蝴蚪的生长速度会受到温度的影响。

### 实验材料

1. 5个有盖的大玻璃罐子
2. 不含氯气的水（将自来水放在容器中静置1~2天，让氯气挥发）
3. 煮过的生菜（蝴蚪的食物，每次喂食前做新鲜的）
4. 5支温度计
5. 一个捞鱼用的抄网
6. 大约25只蝴蚪
7. 冰箱

### 安全提示

1. 不要虐待蝴蚪或青蛙，实验结束后要将它们释放到安全的地方。
2. 如果你需要到池塘边捕捞蝴蚪，请在家长的陪同下前往。

### 实验设计

比较蝴蚪在不同温度下的生长情况，以确定什么样的温度最有利于蝴蚪的生长。

## · 实验程序 ·

**①** 在5个罐子里装入同样多的水，然后往每个罐子里插入一支温度计。

**②** 用抄网给每个罐子各放入5只小蝌蚪。

**③** 将5个罐子放在不同的地方，使它们有不同的温度：1号放在房间桌面上（不被阳光或灯光直接照射到，室温）；2号放在户外一个安全的地方（室外温度）；3号放在一盏固定的灯下面（用灯光加热）；4号放在一个阴冷黑暗的地方，比如桌子下面；5号放在冰箱里（注意不要放在冷冻室，而要放在温度较低，但也在0℃以上的保鲜室里）。

1号　2号　3号　4号　5号

**④** 一个小时以后，记录5支温度计显示的温度。

**⑤** 每天用一块硬币大小的熟生菜喂每个罐子里的蝌蚪。不要喂得太多，以免生菜在水中腐烂。

**⑥** 每隔一天换一次不含氯气的水，保证换水前后各个罐子里的水温均不变。如果将蝌蚪放入比它们之前适应的温度高的水中，可能会让它们丧命。如果有蝌蚪死亡，尽快将它们从罐子中捞出。

**⑦** 每天记录各个罐子里的水温，并观察蝌蚪的生长情况。每周测量一次蝌蚪的长度，并记录下来。

**⑧** 当一组蝌蚪变成青蛙以后（大约需要几周的时间），记下它们变化所需的时间，并将它们释放到安全的野外。

**⑨** 继续饲养剩下的蝌蚪，直到它们都变成青蛙并将它们释放。

**⑩** 根据两个表中记录的数据，总结出温度对蝌蚪生长速度的影响，写出结论。

**⑪** 整理好实验器材，将实验场所打扫干净。

**·实验数据·** 水温和蝌蚪变成青蛙所需的时间

| 罐子编号 | 水温 | 蝌蚪变青蛙所需的天数 |
| --- | --- | --- |
| 1号 | | |
| 2号 | | |
| 3号 | | |
| 4号 | | |
| 5号 | | |

### 蝌蚪生长的具体情况记录

（注：在表格中填入蝌蚪的长度，可根据实际观察天数自行添加行）

| 蝌蚪的生长（天） | 罐子编号 | | | | |
| --- | --- | --- | --- | --- | --- |
| | 1号 | 2号 | 3号 | 4号 | 5号 |
| | | | | | |
| | | | | | |
| | | | | | |

**分析讨论**

① 处于何种温度下的蝌蚪生长得最快？

② 处于何种温度下的蝌蚪生长得最慢？

③ 温度对蝌蚪生长速度的影响有什么规律？

**发散思考**

① 人们为什么说青蛙是人类的朋友？

② 在你的实验中可能会出现蝌蚪长大变成的不是青蛙，而是蟾蜍的情况。你知道青蛙和蟾蜍的区别吗？

# 钙流失对骨骼的影响

　　人体内有200多块不同的骨头，它们构成骨架，使人类的形体相对固定，保护着大部分器官免受伤害。骨骼同时还是储藏人体所需的矿物质和其他重要物质的场所。另外，某些骨头会产生具有造血功能的血细胞，保证人体内有充足而新鲜的血液。钙是骨骼生长发育必不可少的元素，它让骨骼坚固、有力量。如果人体缺钙，可能会导致骨质疏松，易造成骨折、身体乏力等后果。人体能够吸收的钙是以碳酸盐的形式存在的，所以酸可能引起骨骼内钙的流失。在本节实验中，我们将利用这一点，来看看各种程度的钙流失对骨骼的影响到底是怎样的。

### · 探索主题 ·

### 骨骼中的钙

### 搜集资料

查找相关资料，了解酸与盐的基本知识。

### 提出假说

钙流失会对骨骼造成不良影响。

### 实验材料

① 四根相似的鸡骨头

② 白醋

③ 四个有盖的玻璃罐子，要能放下一根鸡骨头

④ 记号笔

⑤ 胶带

⑥ 塑料膜

### 安全提示

实验中注意不要让玻璃罐子砸到人或碰碎。

### · 实验设计 ·

利用酸造成骨骼中的钙流失，然后观察骨骼受到的影响；通过改变酸的作用时间，造成不同程度的钙流失，比较各条件下骨骼受到的影响。

## · 实验程序 ·

**1** 彻底清洗四根鸡骨头，用毛刷将其表面刷干净。

**2** 用胶带在四个玻璃罐子上贴上标签，分别写上"对照组"、"4天"、"8天"和"12天"。

**3** 在贴有"对照组"标签的罐子里装上水，放入一根鸡骨头，盖上盖子。在另外三个罐子中倒入白醋，再各放入一根鸡骨头，分别盖上盖子。要求每个罐子内的液体都能淹没骨头。

**4** 4天以后打开贴有"4天"标签的玻璃罐，取出鸡骨头，用清水将表面清洗干净。然后用力掰折骨头，趁着骨头仍然湿润时用塑料膜将其严严实实地包裹起来。将这个玻璃罐清洗干净，放入包裹好的骨头，盖上盖子，放置在一边。

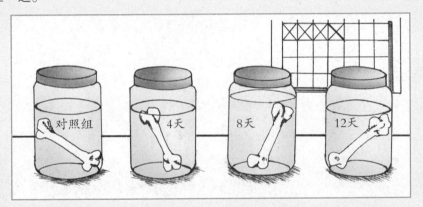

**5** 再过4天以后对贴有"8天"标签的玻璃罐里的鸡骨头做步骤4的处理；此后再过4天取出贴有"12天"标签的玻璃罐里的鸡骨头清洗干净，用力掰折骨头。不再用塑料膜将骨头包裹起来。

**6** 取出"对照组"的鸡骨头，用力掰折。再将前两根塑料膜内的骨头取出，然后比较泡在白醋中的三根骨头与水中骨头（对照组）的弯曲程度。弯曲得越厉害，说明骨头越软，掰折所需的力量越小。将得到的结果记录下来。

**7** 整理好实验器材，将实验场所打扫干净。

## · 实验数据 ·

| 组别 | 骨头弯曲程度 | 掰折骨头所需力量大小 |
|---|---|---|
| 对照组（清水） | | |
| 4天（白醋） | | |
| 8天（白醋） | | |
| 12天（白醋） | | |

### 分析讨论

❶ 用白醋浸泡鸡骨头的目的是什么？

❷ 在四个玻璃罐中，哪个罐内的鸡骨头的钙质流失最严重？为什么？

❸ 钙流失会对骨骼造成什么样的影响？

### 发散思考

❶ 除了酸可以造成骨骼中的钙流失外，还有哪些情况会引起钙流失？

❷ 既然钙在体内是以碳酸盐的形式存在的，我们在补钙时应注意些什么呢？

# 听觉定位

一般情况下，我们在听到某个声音的同时，也能大致辨别出声音是从什么方位发出的。这是因为大多数声源到两耳的距离并不完全相等，所以声音到达两只耳朵的时间会有细微的差异。正是这种不被我们的意识所察觉的时间差，在听觉定位中起了非常关键的作用。通过下面的实验，你会对此有更加明确的认识。

孩子们别着急，狐狸已经走了，等会儿我们就可以出去玩了！

## 探索主题

### 听觉定位

### 搜集资料

查找相关资料，了解与听觉定位有关的条件。

### 提出假说

听觉定位的准确性会受到声源位置的影响。

### 实验材料

1. 一根长约 1 米的塑料软管，管径为 2 厘米（比如吸尘器上的软管）

2. 两根 10 厘米长的薄木条

3. 一块长、宽、高分别为 6 厘米、4 厘米、2 厘米左右的木板

4. 胶水、钉子及小锤子

5. 一支铅笔

6. 铁丝或其他结实的线若干

### 安全提示

请在家长陪同下小心地使用锤子和钉子。

### 实验设计

比较人耳对不同位置声源定位的准确性，并比较双耳定位与单耳定位的效果。

## ·实验程序·

1 用钉子将两根薄木条固定成"T"形支架。并将该支架固定于木板中央。

2 用铁丝将塑料软管悬挂在"T"形支架上，并通过调整左右两边的长度使其平衡。

3 面对或背对软管坐下，闭上眼睛。双手拿起软管的两端，分别贴在两只耳朵上。

4 让小伙伴或家长拿着铅笔轻轻地敲打软管上的某个位置。你通过声音判断他所敲打的地方是靠近你的左耳还是右耳。确认你的判断是否正确，并将结果记录下来。

5 多次重复步骤4。注意你必须事先要求同伴或家长不定时地敲打软管中部位置（即声源与两耳距离相等的位置），看看你在这种条件下是否还能准确定位。

6 睁开眼睛，放下一只手，留下软管的一端贴在一只耳朵上。再闭上眼睛，重复步骤4和步骤5。记录结果，比较与双耳定位有什么不同。

7 填写实验记录。

8 整理好实验器材，将实验场所打扫干净。

## ·实验数据·

|  |  | 实际敲打位置 | 你所判断的位置 |
|---|---|---|---|
| 双耳定位 | 第一次 |  |  |
|  | 第二次 |  |  |
|  | 第三次 |  |  |
|  | 第四次 |  |  |
|  | 第五次 |  |  |
| 单耳定位 | 第一次 |  |  |
|  | 第二次 |  |  |
|  | 第三次 |  |  |
|  | 第四次 |  |  |
|  | 第五次 |  |  |

### 分析讨论

1 当声源到两耳的距离相等时，听觉定位的准确率有多高？

2 当声源到两耳的距离不同时，听觉定位的准确率有多高？与距离相等时相比，定位是不是更容易？

3 用双耳同时确定声源位置是否比只用一只耳朵定位要容易？

### 发散思考

1 除了时间差，还有哪些因素可能影响到听觉定位？

2 通常人们在无法判断声音来源时，会转动自己的头以确定声音来自何方。现在你可以解释这个现象产生的原因了吗？

# 瞳　孔

夏天的正午，太阳火辣辣地炙烤着大地。如果这个时候你必须出门办点事情，在你踏出房门的那一刹那，你是否感觉到阳光十分刺眼，将眼睛眯起来似乎会好受一些。而在光线微弱的黑夜里，你将自己的眼睛睁得大大的，好看清楚路上的车辆、行人和障碍物……在这些过程中，瞳孔扮演了重要角色。什么是瞳孔呢？我们的眼睛中央那块明显的黑色圆形物被称为瞳孔，它是光线到达视网膜的必经之路。当不同强度的光线照射到我们的眼睛时，瞳孔的大小会有所变化，这样可以保证适量的光线进入视网膜，形成物体的清晰图像。另外，进入任何一只眼睛的光线都会同时影响到两只眼睛的瞳孔大小变化。按照下面的方法，你可以探索一下照射到其中一只眼睛的光是如何影响两只眼睛的瞳孔大小的。

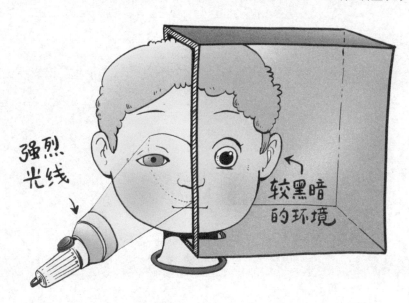

## · 探索主题 ·

# 瞳孔

### 提出假说

光线强度按照一定的规律影响瞳孔的大小变化。

### 搜集资料

查找相关资料，简单了解眼睛的结构。

### 实验材料

① 一个放大镜

② 一面镜子（置于墙上的或掌上的小镜子均可）

③ 一支手电筒

### 安全提示

小心使用镜子，避免镜面损坏造成划伤。

## · 实验设计 ·

看看照向一只眼睛的光会不会影响两只眼睛瞳孔的大小变化；观察不同强度的光能使瞳孔大小产生什么样的变化。

## 实验程序

①  如果戴有普通眼镜或隐形眼镜，请先将其摘下。

②  把放大镜放在镜子表面，用左眼注视放大镜的中央。

③  调整你与镜子的距离，直到能清楚地看到放大镜后的镜子中有一个放大的眼睛图像。仔细观察此时瞳孔的大小（注意瞳孔是指眼睛中央黑色的圆形部分）。

④  打开手电筒，让光线射入左眼中。注意不要让手电筒直接照射眼睛。如果你使用的是小镜子，将手电筒置于小镜子后方，让光线越过小镜子进入眼睛；如果你使用墙上的大镜子，让光线  照在镜子上反射入你的眼睛。通过放大镜观察此时左眼瞳孔的大小变化。

⑤  增加手电筒与眼睛的距离，使进入左眼的光线减弱，再观察此时左眼瞳孔的大小变化。

⑥  关上手电筒，闭上眼睛休息一会儿。

⑦  重复步骤4和步骤5，不同的是需将手电筒发出的光线射入右眼当中，通过放大镜观察左眼瞳孔的大小变化。

⑧  填写实验记录。

⑨  整理好实验器材，将实验场所打扫干净。

## ·实验数据·

左眼瞳孔在不同强度的光线照射在左、右眼时的大小情况（在对应方格内打钩）

|  | 进入眼睛的光较强时 | | | 进入眼睛的光较弱时 | | |
|---|---|---|---|---|---|---|
|  | 瞳孔变大 | 瞳孔不变 | 瞳孔变小 | 瞳孔变大 | 瞳孔不变 | 瞳孔变小 |
| 光线进入左眼 |  |  |  |  |  |  |
| 光线进入右眼 |  |  |  |  |  |  |

### 分析讨论

1 光线增强时，瞳孔的大小会如何变化？

2 进入眼睛的光线变弱时，瞳孔的大小如何变化？

3 光线只进入一只眼睛时，另一只眼睛的瞳孔大小会不会受到影响而产生变化？

### 发散思考

1 利用瞳孔的大小随光线强度变化的原理，是否可以解释为什么人们在刚进入黑暗时什么也看不见，而待了一段时间后就可以看到物体的现象呢？

2 瞳孔的这种变化是人类的一种适应行为，你还能想到哪些器官的反应是属于适应行为呢？

# 左眼与右眼

　　在通常情况下，我们用双眼观察周围的世界。虽然单独使用任何一只眼睛时也能看到各种物体，但当我们同时睁开左眼和右眼时，我们看到的景象并不是两个，而是一个！这不禁引起我们的好奇：视觉系统是如何处理左眼和右眼各自获得的信息的？如果左眼看到的和右眼看到的不一致，大脑该如何作出反应？如果你想知道这些问题的答案，就动手试试下面的实验吧！

## ·探索主题·

### 双眼的信息整合

### 提出假说

大脑能整合左眼与右眼分别获得的信息，以形成稳定的视觉图像。

### 搜集资料

查找相关资料，了解眼睛成像的基本原理。

### 实验材料

1. 三张白色的 A4 打印纸（可在文具店买到）
2. 透明胶带

### 安全提示

如果在实验过程中感觉眼睛疲劳，请立即停止。充分休息后再继续。

### ·实验设计·

创造条件让左眼和右眼分别获得不同的信息，看看我们到底能看到什么。

## ·实验程序·

**1** 将三张A4纸分别卷成三个周长为1厘米左右的纸筒。用透明胶带将其粘牢，以免纸筒在使用过程中松开。

**2** 站在一面白色的墙壁面前，用右手拿起一个纸筒，闭上左眼，只用右眼通过这个纸筒注视白色的墙面。这时你应该只能看见一个白色的小洞。

**3** 保持右眼的注视点不变。睁开左眼，将左手举起，放在纸筒左侧。手与眼睛的距离大约是纸筒总长度的2/3。注意你此时是否能看到左手上有一个白色的小洞，记录结果。

**4** 将纸筒放下，闭上眼睛休息一会儿。拿起另两个纸筒，将它们分别放在左眼和右眼前面，让两只眼睛各自通过一个纸筒观察白色的墙面。这时你的左眼和右眼应该分别看到一个白色的圆点。

**5** 先闭上你的左眼，观察右眼看到的白圆点的亮度；再睁开左眼，闭上右眼，观察左眼看到的白圆点的亮度。

**6** 移动两只纸筒，让两个白色圆点逐渐重合，观察重合区域的亮度是否比刚才单独观察到的圆点更亮。记录下结果。

**7** 继续移动两只纸筒，让两个圆点完全重合成一个点，观察此时这个点的亮度是否比一只眼睛看到的圆点更亮（可通过闭上一只眼睛来找到答案）。记录结果。

**8** 整理好实验器材，将实验场所打扫干净。

**·实验数据·**

用一个纸筒观察时看到的情景（在对应方格内打钩）

| 手和小洞（分开） | 手上有一个小洞 | 其他情形 |
| --- | --- | --- |
| | | |

用两个纸筒观察时看到的情景（在对应方格内打钩）

| | 比单个圆点亮 | 跟单个圆点一样亮 | 比单个圆点暗 |
| --- | --- | --- | --- |
| 部分重叠 | | | |
| 完全重叠 | | | |

**分析讨论**

❶ 当左眼看到手，右眼看到小洞，你是否能看到左手上有小洞的图像？

❷ 当两个圆点重叠在一起时，你是否能看到重叠区域比单个圆点更亮？

❸ 上述两个问题的答案是否能证明大脑将左右眼分别获得的信息整合在了一起？

**发散思考**

❶ 如果实验中你并没有看到左手上的小洞，可能的原因是什么？怎么解决？

❷ 如果人类只有一只眼睛，那样人们所看到的世界跟现在比可能会有什么不同呢？请试着举出两三个例子。

# 透视错觉

看看下面这幅画，你是不是看见一个巨人在追赶一个小个子？试着用尺子量量这两个人物的大小，你会惊奇地发现：他们两个居然是一样大的！是你看错了吗？揉揉眼睛，再仔细看看：还是一个小个子被巨人追赶啊！那再量量：还是一样大！这到底是怎么回事呢？

再来观察一下这幅画，你会发现背景是一个类似隧道的地方，由于环境的透视效果，你会觉得"巨人"离你比较远。通常一个东西离人越远时它会显得越小，人类的视觉在估计一个物体的实际大小时会将距离因素考虑进去。虽然图中的两个人物在视网膜上形成的图像是一样大的，但由于环境线索提示他们与你的距离不同，所以你的视觉系统就"告诉"你后面那个人物比前面那个更大。如果去除画中的深度线索（那些表示地板和墙壁的线条），你就不会再觉得他们是一大一小了。

这种由于环境中的距离线索导致的视觉错误被称为"透视错觉"。让我们通过更多的例子来了解这种生活中常见的错觉吧。

## ·探索主题·

### 透视错觉

### 搜集资料

查找相关资料，了解透视错觉的产生原理。

### 提出假说

图片中的距离线索可能会使人产生透视错觉。

### 实验材料

❶ 直尺
❷ 铅笔和橡皮

## ·实验设计·

感受不同的透视错觉图片带来的视觉错误；通过消除或淡化错觉图片中的距离线索来消除错觉。

## · 实验程序 ·

**1** 观察图1中用橙色标出的两条线段AB、CD，凭第一感觉回答它们是不是一样长？如果不是，哪条比较长？

将结果记录下来。

**2** 用直尺测量图1中两条线段的长度，看看它们是不是一样长？将结果记录下来。

**3** 用铅笔将图1中的背景墙涂成同样的颜色，再凭第一感觉回答它们是不是一样长？

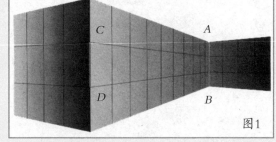

图1

**4** 观察图2中的AB和CD两条线段，凭第一感觉回答它们是不是一样长？如果不是，哪条比较长？将结果记录下来。

**5** 用直尺测量AB、CD两条线段的长度，比较它们是否一样长？将结果记录下来。

**6** 用铅笔将图2中的房子涂掉，再凭第一感觉回答两条线段是不是一样长？

**7** 填写实验记录。

**8** 用橡皮将铅笔涂画的部分擦掉，整理好实验器材，将实验场所打扫干净。

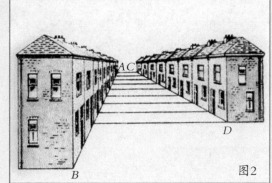

图2

**·实验数据·**

图1中两条线段的长度（在对应方格内打钩）

|  | AB长 | 一样长 | CD长 |
|---|---|---|---|
| 第一感觉 |  |  |  |
| 直尺测量 |  |  |  |
| 涂掉背景 |  |  |  |

图2中两条线段的长度（在对应方格内打钩）

|  | AB长 | 一样长 | CD长 |
|---|---|---|---|
| 第一感觉 |  |  |  |
| 直尺测量 |  |  |  |
| 涂掉背景 |  |  |  |

### 分析讨论

① 什么样的线索让你觉得上页两幅图中的AB与CD不一样长？

② 按要求做完处理（用铅笔涂背景）后，为什么AB与CD看起来一样长了？

③ 根据实验结果，你可以解释为什么会产生透视错觉吗？

### 发散思考

① 除了透视错觉，在生活中还有哪些现象可以说明我们的视觉系统会利用距离来判断物体的大小呢？

② 凡事都有两面，错觉是一种视觉错误，但如果善加利用也会有意想不到的效果。你能举出这样的例子吗？

# 变色鸟

在我们的生活中，充满了各种各样的颜色：天空和大海是蓝色的，草地是绿色的，国旗是红色的……这些丰富的色彩让我们的世界更加美丽。但是你知道吗？我们能感受到如此美丽的世界，要归功于视觉系统中的视锥细胞。如果没有它们，人们眼中的世界将是一幅黑白画，单调而乏味。科学研究发现，视锥细胞可以分为三类：对红色最为敏感的红视锥细胞、对绿色最敏感的绿视锥细胞和对蓝色最敏感的蓝视锥细胞。当有颜色的物体出现在我们的视野中时，进入眼睛的光线会不同程度地激活这些视锥细胞，使我们感觉到颜色。如果某类视锥细胞长时间处于激活状态，会产生疲劳，从而在短时间内不能敏锐地分辨出它们平时容易分辨的颜色。这时人的眼睛就会产生错觉，可能"看"到与真实颜色互补的颜色（两种色光合在一起会形成白光，这两种颜色就互为互补色。如红色和绿色，蓝色和黄色）。这是一种颜色后像效应，是一种错觉。比如，如果你凝视一株绿色的植物3～5分钟，立刻将视线移到一面白墙上，这时你会"看见"墙上有一株红色的植物。听起来是不是不可思议？那就亲自动手做几只变色鸟来验证一下吧！

到底哪只才是真的呢？

## ·探索主题·

# 颜色后像

### 提出假说

由于颜色后像效应，用彩纸剪出的鸟儿看起来会变色。

### 搜集资料

查找相关资料，了解视锥细胞和颜色后像效应的知识。

### 实验材料

① 四张白色的纸板或厚一点的纸

② 红、绿、蓝三种颜色的彩纸各一张

③ 黑色的记号笔

④ 剪刀

⑤ 胶水

### 安全提示

要小心使用剪刀，不要造成伤害。

## ·实验设计·

验证变色鸟是否真的能变色，并比较不同颜色的变色鸟会分别变成什么颜色。

## ·实验程序·

1. 用红色、绿色和蓝色的彩纸剪出三只相同形状的小鸟。

2. 用胶水将三只小鸟分别粘在三张白色纸板或白纸上，并用黑色记号笔给小鸟画上眼睛和脚。

3. 在剩下的一张白色纸板或白纸上画一个黑色的鸟笼。

4. 将四张白色纸板或白纸都固定在桌面或墙面上，保持环境中光线充足（这是实验获得成功的一个重要条件）。

5. 盯住红色小鸟的眼睛15~20秒，迅速将视线移到黑色鸟笼上。记录此时你是否看到笼中有一只小鸟，如果有，记录下颜色。

6. 闭上眼睛休息片刻。盯住绿色小鸟的眼睛重复步骤5。

7. 闭上眼睛休息片刻。盯住蓝色小鸟的眼睛重复步骤5。

8. 填写实验记录。

9. 整理好实验器材，将实验场所打扫干净。

**·实验数据·**

| | 在鸟笼中是否能看见鸟（能/不能） | 看见的鸟是什么颜色的 |
| --- | --- | --- |
| 注视红色小鸟15~20秒后 | | |
| 注视绿色小鸟15~20秒后 | | |
| 注视蓝色小鸟15~20秒后 | | |

**分析讨论**

1. 注视红色小鸟后，在鸟笼中会看见什么颜色的小鸟？它与红色是什么关系？

2. 注视绿色小鸟后，在鸟笼中会看见什么颜色的小鸟？它与绿色是什么关系？

3. 注视蓝色小鸟后，在鸟笼中会看见什么颜色的小鸟？它与蓝色是什么关系？

4. 为什么会出现上述现象（请解释颜色后像的原理）？

**发散思考**

除了颜色后像，这个实验中还出现了形状的视觉后像，你知道这是怎么回事吗？

# 深度旋转器

在我们的视觉系统中，有一些专门负责觉察物体运动状况的"探测器"。在正常情况下，这些探测器能准确地"告诉"大脑，我们的眼睛所看到的物体是静止的还是运动的，它们是靠近还是远离我们的。但是，如果我们长时间地看着旋转的图案，眼睛中的某些运动探测器就会很疲劳，不能再对外界信息做出准确的判断。这个时候，疲劳的眼睛所看到的整个世界，都在不停地靠近或远离我们。当你从游乐园的旋转木马上走下来的时候可能会有这种感觉；如果你没有玩过旋转木马，就来做做下面这个小实验吧，看看你亲手制成的深度旋转器将如何让你的感觉"走样"！

唉，星星怎么出来了？是天黑了吗？

**·探索主题·**

运动错觉

**搜集资料**

查找相关资料，了解运动错觉产生的原因。

**提出假说**

注视旋转图形容易产生运动错觉。

**实验材料**

① 厚纸板、白纸各一张

② 黑色的笔

③ 胶水或胶带、剪刀

④ 旋转器：可调速、可转向的电动手钻一把

**安全提示**

① 使用剪刀时小心别划伤手。

② 使用电钻时注意安全，请在家长陪同下进行。

**·实验设计·**

制作深度旋转器，并借助它产生运动错觉；看看深度旋转器的旋转方向与运动错觉方向的关系。

## · 实验程序 ·

① 用黑色笔在白纸上画出或复制出右侧的螺旋图案。

② 将白纸贴在厚纸板上。用剪刀将多余部分剪去，只留下有螺旋图案的圆盘。

③ 将圆盘的中央部分粘在作为旋转器的电动手钻钻头上，即制成了深度旋转器。开动电钻，调节其转速，若能在45~78转/分之间为最佳。

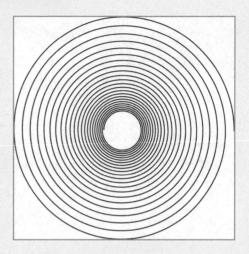

④ 注视转动起来的圆盘，并将视线停留在其中心大约15秒。感觉此时看到圆盘上的螺旋是在接近还是远离你，记录下你的感觉。

⑤ 将视线转移到一面墙上或附近某个静止的物体上，体会此时是否能感觉到墙或物体在运动。如果有这样的感觉，注意它们是在靠近还是远离你。将结果记录下来。

⑥ 关闭电钻。闭上眼睛休息片刻。

⑦ 开动电钻，将转向调至与上一次相反的方向。重复步骤4—6。

⑧ 填写实验记录。

⑨ 整理好实验器材，将实验场所打扫干净。

**·实验数据·**

|  |  | 靠近 | 远离 | 静止 |
|---|---|---|---|---|
| 第一次 | 圆盘上的螺旋 |  |  |  |
|  | 墙或静止物（人） |  |  |  |
| 转向相反后 | 圆盘上的螺旋 |  |  |  |
|  | 墙或静止物（人） |  |  |  |

**分析讨论**

❶ 当深度旋转器快速旋转时，你会看到什么现象？

❷ 当你感觉圆盘在远离时，将视线转移到墙或其他静止物上，你是否觉得这些物体在靠近你？相反，当感觉螺旋在靠近时，随后注视到的静止物是否看起来像在向远方移动？

**发散思考**

❶ 运动错觉会给我们的生活带来哪些麻烦？

❷ 有什么方法可以避免或消除这种错觉？

# 嗅觉会影响味觉吗？

人类的舌头能分辨若干基本的味道：甜、酸、咸、苦、鲜等，而人的鼻子能感受到成百上千种不同的气味。生活中的经验告诉我们，食物能让人胃口大开，除了味道要好，气味也必须是诱人的。举个典型的例子，爱吃臭豆腐的人通常认为，闻起来越臭的臭豆腐吃起来越香。显然，要单从味觉角度考虑，正常的豆腐也能做出美味；但正是臭豆腐那独特的气味，才让这种食物更引人垂涎。接下来，我们就通过一个小小的实验，来看看嗅觉与味觉的联系吧。

到底哪个才是玫瑰花啊，这两个吃起来都一样甜，要是采错了蜜回去会受罚的！

别担心，让我来帮你吧，我的鼻子可是出了名的灵！

玫瑰　蔷薇

## · 探索主题 ·

### 嗅觉与味觉

**搜集资料**

查找相关资料，了解嗅觉与味觉的简单知识。

**提出假说**

嗅觉与味觉之间有着紧密的联系。

**实验材料**

1 洋葱

2 土豆

3 不同口味和颜色的硬糖

4 巧克力冰激凌

5 草莓冰激凌

6 刀子

7 4个勺子

## · 实验设计 ·

比较利用嗅觉、味觉、嗅味觉结合三种方式来辨识食物的准确性，从而找出嗅觉与味觉之间的联系。

## 实验程序

**1** 用刀分别切下一小片土豆和洋葱，再将它们放在不同的勺子里。

**2** 用另两个勺子各取一勺巧克力冰激凌和草莓冰激凌。

**3** 剥开两颗口味和颜色都不同的硬糖，比如橙色橘子味和绿色苹果味的。

**4** 闭上你的眼睛，捏住你的鼻子。让你的助手（同伴或家长）帮助你将上述食物两个一组地递给你：土豆和洋葱一组，两种冰激凌一组，两颗硬糖一组。不要偷看，也不要放开鼻子，品尝每一种食物并告诉助手你吃到的东西是什么。让他把你的回答记录下来。

**5** 松开手，不要再捏住鼻子。但是仍然不要睁开眼睛。让助手将六样食物重新准备好，像之前那样一组组地递给你。这一次，不要去品尝，而是用鼻子去闻，然后告诉你的助手它们分别是什么食物。同样让助手将你的回答记录下来。

**6** 仍然闭上眼睛，在助手重新递给你食物时，同时用你的嗅觉和味觉去感受食物，然后判断它们分别是什么。让助手将你的回答记录下来。

**7** 查看并分析助手写下的记录。

**8** 整理好实验器材，将实验场所打扫干净。

 **·实验数据·** 在表格中填入你作出的判断

| | 仅使用味觉 | 仅使用嗅觉 | 同时使用嗅觉和味觉 |
|---|---|---|---|
| 洋葱 | | | |
| 土豆 | | | |
| 巧克力冰激凌 | | | |
| 草莓冰激凌 | | | |
| 橘子味硬糖 | | | |
| 苹果味硬糖 | | | |

### 分析讨论

① 用嗅觉判断食物的准确性如何？

② 用味觉判断食物的准确性如何？它与嗅觉相比是否更灵敏？

③ 仅凭一种感觉就能分辨食物，还是需要两种感觉的合作呢？

### 发散思考

① 嗅觉与味觉是天生的吗？

② 如果有人失去了味觉或嗅觉，他在生活中可能会遇到哪些困难？

# 水生植物的"营养过剩"

　　磷是植物生长需要的一种重要的营养物质，因为磷的参与是光合作用的必要条件。植物通常是从磷酸盐中获得磷的，因此在各种肥料中都含有丰富的磷酸盐。然而，就像人类的营养过剩会带来疾病和困扰一样，当植物生长的环境出现了过量的营养物时，它们的生长也会出现问题。现在，由于水体中营养物质过量所造成的"富营养化"对于水生植物的危害日趋严重。在本节实验中，通过往正常水质的水中加入不同浓度的磷酸盐，你可以观察到生活在其中的水生植物所发生的变化。

朋友，我们俩能平均一下就好了。

## ·探索主题·

# 富营养化现象

### 提出假说

"富营养化"会对水生植物造成危害。

### 搜集资料

查找相关资料，了解水体污染的相关知识。

### 实验材料

①  三株相同的水生植物（要求有根），比如养在鱼缸里的藻类

②  有植物健康生长的水体中的水（比如未被污染的池塘水）

③  三个玻璃罐子，要求每个罐子至少能装下一株水生植物

④  含有较高浓度的磷酸盐成分的清洁剂（推荐使用含磷度在 7% 以上的清洁剂）

⑤  胶带

⑥  记号笔

⑦  小勺

### ·实验设计·

在水中加入过多营养物，造成富营养化环境，观察水生植物受到的影响。

## 实验程序

1. 在三个玻璃罐子外侧分别贴上"高磷"、"低磷"和"对照组"标签。再在三个罐子里倒入3/4容积的池塘水。

2. 在"高磷"罐子里加入15毫升清洁剂，并用小勺搅拌均匀。在"低磷"罐子里加入5毫升清洁剂，混合均匀。"对照组"罐子内不加清洁剂。

3. 在每个罐子内放入一株有根的水生植物，把它们当时的生长情况记录下来。再将三个罐子放在同样的光照环境中。

4. 每天观察三个罐子中的水体情况和植物的生长情况，记录水的颜色和植物的健康状况，这样持续10天。

5. 整理好实验器材，将实验场所打扫干净。

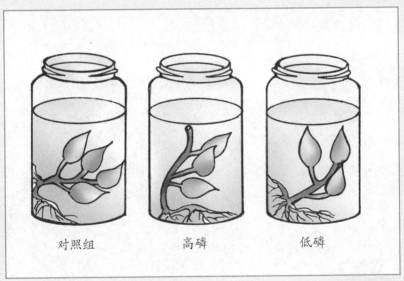

对照组　　　　高磷　　　　低磷

**· 实验数据 ·**

| | 高磷条件 | | 低磷条件 | | 对照组 | |
|---|---|---|---|---|---|---|
| | 水的颜色 | 植物生长 | 水的颜色 | 植物生长 | 水的颜色 | 植物生长 |
| 第一天 | | | | | | |
| 第二天 | | | | | | |
| 第三天 | | | | | | |
| 第四天 | | | | | | |
| 第五天 | | | | | | |
| 第六天 | | | | | | |
| 第七天 | | | | | | |
| 第八天 | | | | | | |
| 第九天 | | | | | | |
| 第十天 | | | | | | |

**分析讨论**

① 水生植物在低磷条件下的生长情况如何？是否茂盛、健康？

② 水生植物在高磷条件下的生长情况如何？

③ 水生植物在无磷（对照组）条件下的生长情况如何？

④ 营养物含量对水质和水生植物的影响有哪些？

**发散思考**

① 人类的哪些活动会造成水体的"富营养化"？

② 有什么办法可以解决水体的"富营养化"问题？

# 空气污染的生物性指标

　　人类社会的发展与进步给地球环境造成了破坏，污染成了威胁人类健康的重要因素之一。空气污染不再是什么新鲜的话题，人们每天通过测量空气中的悬浮微粒含量，二氧化碳、二氧化硫、二氧化氮和臭氧等浓度，来衡量当天的空气污染程度，以决定今天出门应该配备什么样的防护工具。其实，别的生物跟人类一样，也受到空气污染的困扰，它们的生长情况因空气质量的变化而变化。地衣就是对空气污染非常敏感的一类由藻类和菌类混合组成的复合体，它们的颜色、数量和分布情况都可以提供空气污染的证据。它们正常的颜色通常为红、橙、黄、灰、黑、棕和绿色；当受到污染物影响后，它们的颜色会发生变化，而且也很容易被人从生长的岩石等表面剥离下来。因此，地衣类植物可以作为空气污染的生物性指标，它们的生长情况显示了空气污染的状况。

　　在本节实验中，请你观察三个不同地方的地衣，以此判断一下三个地方的空气质量吧！

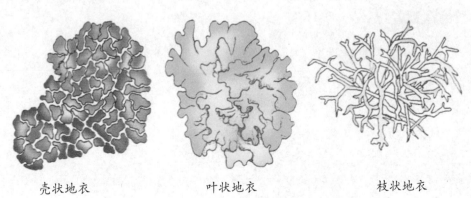

壳状地衣　　　　　　叶状地衣　　　　　　枝状地衣

三种地衣类植物

## ·探索主题·

### 空气污染的生物性指标

**提出假说**

可以用地衣类植物的生长情况来评估空气质量。

**搜集资料**

查找相关资料，了解空气污染带来的危害。

### 实验材料

① 放大镜

② 毛线球

③ 卷尺

④ 透明的、有方格的纸（每个方格为1厘米，稍大一点也可以）

⑤ 记号笔

### 安全提示

当你在街道边观察时，要小心过往车辆，以免发生交通意外。最好在家长的陪同下前往。

### ·实验设计·

观察不同环境中地衣的生长变化，评估空气质量。

## 实验程序

1. 在你家附近任选一片有树的区域（比如公园）作为第一个研究地点。任选其中一棵长有地衣的树作为该地区第一棵被研究的树。在方便你观察的高度，用线绕树干一周，打上结；在线上某处做记号"1"。

2. 取一张透明的、有方格的纸，将其下端对齐树上系的线的上沿，并贴在树干上。

3. 用放大镜仔细观察，看有多少方格内长有地衣，多少方格内只能看见树皮。让你的同伴帮你记录下这些数据。重复此步骤直到你绕树一周。

4. 将方格纸上端贴在树上系的线的下沿，再重复步骤3。

5. 把步骤3和步骤4中得到的数据加在一起，你就得到了第一棵树上被观察区域内多少方格的面积布满了地衣，多少面积没有地衣。将这些结果记录下来。同时需要记录地衣的颜色。

6. 再在此地区内选取两棵长有地衣的树，按照上述方法观察并记录它们的树干上生长地衣的情况。

7. 再选取另外两个有树的不同环境作为第二个、第三个研究地点，比如街道边、学校的操场边等。在这两个地点分别选取3棵树，同样按上述方法观察并记录地衣的生长情况。

8. 整理好实验器材，将实验场所打扫干净。

**·实验数据·**

|  |  | 地衣面积 | 地衣颜色 | 无地衣树皮面积 |
|---|---|---|---|---|
| 第一个研究地点 | 1号树 |  |  |  |
|  | 2号树 |  |  |  |
|  | 3号树 |  |  |  |
|  | 平均值 |  |  |  |
| 第二个研究地点 | 1号树 |  |  |  |
|  | 2号树 |  |  |  |
|  | 3号树 |  |  |  |
|  | 平均值 |  |  |  |
| 第三个研究地点 | 1号树 |  |  |  |
|  | 2号树 |  |  |  |
|  | 3号树 |  |  |  |
|  | 平均值 |  |  |  |

**分析讨论**

❶ 三个地点地衣的平均数量分别是多少？

❷ 根据地衣数量，你估计三个地点的空气污染情况分别是怎样的？
你的推断与人们平时对三个地点空气质量的评价是否一致？

**发散思考**

❶ 你知道你所研究的环境中影响空气质量的污染源是什么吗？
如果不知道，请设计一个调查方案，弄清楚这个问题。

❷ 除了地衣，还有什么生物可作为污染程度的指标？